上海市工程建设规范

空调水系统化学处理设计标准

Design standard for chemical water treatment for HVAC water systems

DG/TJ 08—2081—2022

J 11830—2022

主编单位：华东建筑设计研究院有限公司
批准部门：上海市住房和城乡建设管理委员会
施行日期：2023 年 2 月 1 日

同济大学出版社

2024　上海

图书在版编目(CIP)数据

空调水系统化学处理设计标准 / 华东建筑设计研究
院有限公司主编. —上海：同济大学出版社，2024.3
　　ISBN 978-7-5765-1056-0

　　Ⅰ. ①空… Ⅱ. ①华… Ⅲ. ①空调水系统－化学处理
－设计标准－上海 Ⅳ. ①TB657.2-65

中国国家版本馆 CIP 数据核字(2024)第 023639 号

空调水系统化学处理设计标准

华东建筑设计研究院有限公司　主编

责任编辑　朱　勇
助理编辑　王映晓
责任校对　徐春莲
封面设计　陈益平

出版发行　同济大学出版社　　www.tongjipress.com.cn
　　　　　（地址：上海市四平路 1239 号　邮编：200092　电话：021－65985622）
经　　销　全国各地新华书店
印　　刷　浦江求真印务有限公司
开　　本　889mm×1194mm　1/32
印　　张　1.75
字　　数　44 000
版　　次　2024 年 3 月第 1 版
印　　次　2024 年 3 月第 1 次印刷
书　　号　ISBN 978-7-5765-1056-0
定　　价　20.00 元

上海市住房和城乡建设管理委员会文件

沪建标定〔2022〕490 号

上海市住房和城乡建设管理委员会
关于批准《空调水系统化学处理设计标准》
为上海市工程建设规范的通知

各有关单位：

　　由华东建筑设计研究院有限公司主编的《空调水系统化学处理设计标准》，经我委审核，现批准为上海市工程建设规范，统一编号为 DG/TJ 08—2081—2022，自 2023 年 2 月 1 日起实施，原《空调水系统化学处理设计规程》DG/TJ 08—2081—2011 同时废止。

　　本标准由上海市住房和城乡建设管理委员会负责管理，华东建筑设计研究院有限公司负责解释。

上海市住房和城乡建设管理委员会

2022 年 9 月 27 日

前　言

根据上海市住房和城乡建设管理委员会《关于印发〈2019 年上海市工程建设规范、建筑标准设计编制计划〉的通知》（沪建标定〔2018〕753 号）的要求，本标准由华东建筑设计研究院有限公司会同有关单位，在努力贯彻绿色高效和节能国策、认真总结工程经验、吸收国内外先进理念与技术以及广泛征求意见的基础上修订而成。

本标准的主要内容有：总则；术语；一般规定；水系统基础处理；缓蚀阻垢处理；微生物控制；药剂投加；监测与控制；药剂储存。

本次修订的主要内容有：结合低碳、节能环保和职业安全等方面，增加远程控制、低碳环保和防护设施等相关内容；对标现行国家标准中对各类水质的控制参数要求，在结合上海地区的实际情况下修编了本标准中的指标。

各单位及相关人员在执行本标准的过程中，如有意见和建议，请反馈至上海市住房和城乡建设管理委员会（地址：上海市大沽路 100 号；邮编：200003；E-mail：shjsbzgl@163.com），华东建筑设计研究院有限公司（地址：上海市汉口路 151 号，邮编：200002；E-mail：weijun_ma@ecadi.com），上海市建筑建材市场管理总站（地址：上海市小木桥路 683 号；邮编：200032；E-mail：shgcbz@163.com），以供修订时参考。

主 编 单 位：华东建筑设计研究院有限公司

参 编 单 位：上海洗霸科技股份有限公司

上海建筑设计研究院有限公司

上海市卫生健康委员会监督所

上海卓谱检测技术有限公司

上海多佳水处理科技有限公司

主要起草人：杨国荣　马伟骏　王　炜　寿炜炜　胡仰耆

　　　　　　杨彦敏　朱学锦　徐　扬　冯长春　邹帅文

　　　　　　吉庆霞　衣健光

主要审查人：陈中兴　朱伟民　徐　桓　张锦冈　郭常义

　　　　　　张乐华　杨　柯

上海市建筑建材业市场管理总站

目　次

Contents

1 总　则

1.0.1　为有效控制水系统中的设备、管道和部件因水质问题引起结垢、腐蚀和微生物生长，确保系统安全、高效，更好地实现节能降耗、节水减排及低碳城市建设目标，使空调水系统化学处理设计和运维管理更规范、可靠、先进，特制定本标准。

1.0.2　本标准适用于新建、改建和扩建的民用建筑中采用化学水处理技术的空调水系统，包括冷却水系统、冷水系统、热水系统、供热锅炉水系统、乙二醇水溶液系统、蒸汽凝结水系统和空气冷凝水系统。

1.0.3　空调水系统化学处理应符合安全、卫生、绿色、高效、环保、节能和减排的要求，并便于操作与管理。

1.0.4　空调水系统化学处理设计应基于供水水质、技术条件和国内外先进经验，宜采用新技术、新工艺、新设备和新药剂。

1.0.5　空调水系统化学处理设计除应按本标准执行外，仍应符合国家、行业和本市现行标准的有关规定。

2 术 语

2.0.1　化学水处理　chemical water treatment

广义上是指通过化学药剂的作用使水质达到使用要求的水处理方法。在本标准中是指通过化学药剂的作用以控制腐蚀、结垢和微生物危害的水处理方法。

2.0.2　冷却水　cooling water

用于冷却冷凝器、吸收器(吸收式溴化锂机组)中的制冷剂,自身又通过冷却装置被冷却、再循环使用的水。

2.0.3　循环水　recirculating water

是指空调系统中循环运行的水,包括冷却水、冷水、热水等。

2.0.4　补充水　make-up water

用于补充循环水系统运行时损失的水。

2.0.5　给水　boiler feed water

直接进入锅炉中的水。

2.0.6　锅水　boiler water

在锅炉中吸收热量并产生蒸汽或成为热水的水。

2.0.7　软化水　softened water

去除全部或大部分钙、镁离子后的水。

2.0.8　除盐水　demineralized water

通过有效的工艺处理,除去悬浮物、胶体和阴、阳离子等杂质后所得成品水的总称。

2.0.9　化学清洗　chemical cleaning

向水系统中投加化学清洗剂,以清除系统中的水垢、腐蚀产物、生物粘泥等污物的工艺过程。

2.0.10　化学镀膜　chemical coating

向循环水系统中投加化学药物,使金属设备和管道表面形成均匀、致密保护膜的工艺过程。

2.0.11　置换　replacement

系统在化学清洗或化学镀膜结束后,用清洁的补充水代替系统清洗后产生的污水或含高浓度镀膜剂水的过程。

2.0.12　浓缩倍数　cycle of concentration

冷却水在开式冷却塔运行时因水蒸发,使水的含盐浓度增加,冷却水与补充水含盐浓度的比值称为浓缩倍数;它反映了冷却水中含盐量增加的程度。

2.0.13　污垢热阻　fouling resistance

换热设备传热面上由污垢产生的热阻,单位 $m^2 \cdot K/W$。

2.0.14　腐蚀速率　corrosion rate

是指金属在腐蚀环境中单位时间内、单位面积上所损耗的量;它反映了腐蚀过程的快慢。表示腐蚀速率的方法有深度法、重量法和电流法,其单位分别为 mm/a、$g/(m^2 \cdot h)$ 和 $\mu A/cm^2$。

2.0.15　生物粘泥　slime

由微生物及其新陈代谢产物与水中杂质粘结在一起所形成污物的总称。

2.0.16　闭式循环水系统　closed recirculating water system

不与空气接触,也不与冷却或被冷却(加热或被加热)介质直接接触,在封闭系统内通过间壁传递冷(热)量的循环水系统。

2.0.17　乙二醇水溶液系统　glycol solution system

是利用乙二醇水溶液冰点低的特点,以乙二醇水溶液作为载冷剂的循环水系统。

2.0.18　蒸汽凝结水　steam condensed water

水蒸气冷凝后形成的水。

2.0.19　空气冷凝水　air condensate water

当空气温度低于其露点温度时从空气中凝结析出的水。

2.0.20　阻垢　scale inhibition

防止成垢物质在金属表面沉积的处理过程。

2.0.21　缓蚀　corrosion inhibition

抑制或减缓金属被腐蚀的处理过程。

2.0.22　微生物控制　microorganism control

控制微生物生长繁殖的处理过程。

2.0.23　分散作用　dispersion

使水中的微粒处于悬浮分散状态而不会沉积的作用。

2.0.24　旁流　side stream

从循环水系统分流，经过滤等方式处理后再在系统内汇合的水流。

2.0.25　远程控制　remote control

利用无线或电信号通过网络对远端设备进行操作的一种技术。

3 一般规定

3.0.1 空调水系统化学处理方案设计应具有下列资料：

1 补充水的水质与水量。

2 系统水的水质、水温、水压、循环水量和系统保有水量。

3 系统管道和换热设备的材质。

4 加药设备的型号、规格和技术参数。

5 系统排水要求和节能减排指标。

6 在线检测仪表的材质。

3.0.2 空调水系统化学处理技术方案应包括下列内容：

1 基础处理（物理清洗、化学清洗、化学镀膜等）的技术要求、控制条件与操作方法。

2 日常处理（阻垢、缓蚀、微生物控制等）的技术要求、控制指标及现场管理的内容与方法。

3 系统季节性停运期间的维护措施。

4 系统异常情况时的处理措施。

3.0.3 空调水系统的管道设计应符合下列要求：

1 补充水管道和排水管道的通水能力宜在 4 h～6 h 内使水充满系统，或使系统排空。

2 在管道系统中应设置水质分析取样点、加药装置和在线监测仪表的接口。

3 管道系统的最低点或局部低点应设置泄水阀，最高点或局部高点应设置排气装置。

4 在建筑物地面层宜加设排污口及相应的排水管道，根据排水水质纳入相对应的市政污水管网或污水处理系统。

3.0.4 空调系统中换热设备的腐蚀速率应符合下列规定：

1 碳钢设备传热面的水侧腐蚀速率应小于 0.075 mm/a。

2 铜与铜合金和不锈钢设备传热面的水侧腐蚀率应小于 0.005 mm/a。

3.0.5 大型开式冷却水系统应设旁通过滤装置。当冷却塔周边空气中含尘量数据缺乏时,旁流水量宜为循环水量的 1‰~5‰;旁通过滤装置宜带自动反冲洗功能;小型或间断运行的循环冷却水系统应根据具体情况确定。

3.0.6 水系统中的水泵进水口与换热设备进水端前应设置过滤器。

3.0.7 乙二醇水溶液系统应设置加药装置、乙二醇补加装置及旁流过滤装置。

3.0.8 蒸汽凝结水回收系统宜设置除铁过滤器与加药装置等。

3.0.9 空气冷凝水的集水盘内宜投放杀生剂。

3.0.10 空气冷凝水宜收集利用。

3.0.11 主要换热设备的接管宜设旁通接口,供管路循环清洗使用。

3.0.12 在冷凝器、蒸发器等换热设备的进、出口管道上应设置清洗接口,供设备单独化学清洗时用。

3.0.13 空调水系统的水质应符合下列规定:

1 开式冷却水系统的水质应符合表 3.0.13-1 中的指标要求。

表 3.0.13-1 开式冷却水系统水质指标

项目	单位	指标值
pH 值(25℃)	—	6.8~9.5
电导率(25℃)	μS/cm	≤4 000
钙硬度+总碱度(以 $CaCO_3$ 计)	mg/L	≤1 500
细菌总数	个/mL	≤10^5

续表 3.0.13-1

项目	单位	指标值
军团菌	个/mL	不得检出
总铁	mg/L	≤2.0
铜离子	mg/L	≤0.1
氯离子	mg/L	≤1 000
浊度	NTU	≤20

2 冷水、热水的水质应符合表 3.0.13-2 中的指标要求。

表 3.0.13-2　冷水、热水系统水质指标

项目	单位	指标值
pH 值(25℃)	—	7.5～10.0
细菌总数	个/mL	≤10^3
总铁	mg/L	≤2.0
铜离子	mg/L	≤0.1
浊度	NTU	≤20

3 乙二醇水溶液系统应符合表 3.0.13-3 中的指标要求。

表 3.0.13-3　乙二醇系统溶液指标

项目	单位	指标值
pH 值(25℃)	—	8.0～10.0
细菌总数	个/mL	≤10^3
总铁	mg/L	≤2.0
铜离子	mg/L	≤0.1
冰点	℃	按设计要求
浓度	%	按设计要求

4 供热锅炉水的水质应符合表 3.0.13-4 或表 3.0.13-5 中的指标要求。

表 3.0.13-4　蒸汽锅炉水质指标

项目	单位	锅外水加药处理				锅内水加药处理	
		给水		锅水		给水	锅水
		软化水	除盐水	软化水	除盐水		
浊度	NTU	≤5.0	≤2.0	—	—	≤20.0	—
总硬度	mmol/L	≤0.030	≤0.030	—	—	≤4.0	—
总碱度	mmol/L	—	—	4.0~26.0	≤26.0	—	8.0~26.0
酚酞碱度	mmol/L	—	—	2.0~18.0	≤18.0	—	6.0~18.0
pH(25℃)	—	7.0~10.5	8.5~10.5	10.0~12.0	10.0~12.0	7.0~10.5	10.0~12.0
油	mg/L	≤2.0	≤2.0	—	—	≤2.0	—
总铁	mg/L	≤0.30	≤0.30	—	—	—	—
溶解氧	mg/L	≤0.10	≤0.10	—	—	—	—

注:1　锅炉额定蒸汽压力小于等于 1.0 MPa。
　　2　水处理药剂的指标由水处理服务商提供。
　　3　若蒸汽用于食品加工等生活用途时,水处理药剂应符合卫生要求。
　　4　溶解氧指标适用于经过除氧处理后的水质控制指标。

表 3.0.13-5　热水锅炉水质指标

项目	单位	锅外水加药处理		锅内水加药处理	
		给水	锅水	给水	锅水
浊度	NTU	≤5.0	—	≤20.0	—
总硬度	mmol/L	≤0.6	—	≤6.0	—
pH(25℃)		7.0~11.0	9.0~11.0	7.0~11.0	9.0~11.0
油	mg/L	≤2.0		≤2.0	
总铁	mg/L	≤0.30	≤0.50	≤0.30	≤0.50
溶解氧	mg/L	≤0.10	≤0.50		

注:1　水处理药剂的指标由水处理服务商提供。
　　2　溶解氧指标适用于经过除氧处理后的水质控制指标。

5　蒸汽凝结水的水质应符合表 3.0.13-6 中的指标要求。

表 3.0.13-6　蒸汽凝结水水质指标

项目	单位	指标值
pH 值(25℃)	—	≥7.0
总铁	mg/L	≤1.0

6　空气冷凝水的水质应符合表 3.0.13-7 中的指标要求。

表 3.0.13-7　空气冷凝水水质指标

项目	单位	指标值
余氯	mg/L	≥0.1

4 水系统基础处理

4.0.1 空调冷却水、冷水、热水、乙二醇水溶液等系统应进行基础处理,使系统达到清洁状态,并在金属表面形成一层致密性保护膜。基础处理包括物理清洗、化学清洗和化学镀膜等。

4.0.2 化学清洗与化学镀膜应在下列情况时进行:

    1 系统初次运行(或开机调试)前。

    2 运行中的系统因腐蚀、结垢或微生物的影响导致工况恶化时。

    3 停运期间未采取保护措施或保护效果不良的季节性运行系统在换季运行前。

4.0.3 水系统化学清洗、化学镀膜宜采用如下程序:

    1 新系统:水冲洗→除油脱脂清洗→除锈清洗→镀膜。

    2 运行过的系统:水冲洗→杀菌剥离→除锈除垢清洗→镀膜。

4.0.4 系统的水冲洗应满足下列要求:

    1 管道内的冲洗水流速宜大于 1.5 m/s。

    2 冲洗水应从换热设备(冷凝器、蒸发器、板式换热器等)的旁路通过。

    3 水冲洗应达到目测水质干净,清洗后应拆洗相关过滤器。

4.0.5 化学清洗药剂与清洗方式应根据系统情况选择,化学清洗结束后宜在 24 h 内使水质置换合格。

4.0.6 化学清洗后应立即进行化学镀膜处理。

4.0.7 化学镀膜剂配方和镀膜操作条件应根据系统材质、水质、水温等因素由试验或相似条件下的运行经验确定,镀膜时间不宜小于 36 h。

4.0.8 锅炉在投入运行前应进行化学清洗或煮炉处理。

4.0.9 乙二醇管路在清洗镀膜结束后,宜立即加入抑制性乙二醇(含缓蚀剂、杀生剂等)水溶液。

4.0.10 清洗、镀膜、煮炉等处理工艺应采用低毒、易生物降解、无环境污染的药剂;排放水的水质应达到排放标准。

5 缓蚀阻垢处理

5.0.1 空调水系统应进行缓蚀处理。开式冷却水系统应同时进行阻垢处理。其他系统的阻垢处理要求应根据水质和工艺条件确定。

5.0.2 空调水系统缓蚀、阻垢处理的药剂与配方宜通过试验或根据类似系统的运行经验确定。

5.0.3 缓蚀剂应能对系统中的各种金属材料具有良好的保护作用。

5.0.4 阻垢剂应能适应冷却水高浓缩倍数运行,能有效地抑制碳酸钙、硫酸钙、磷酸钙、硅酸镁等盐类在金属表面沉积,并能对氧化铁、氧化硅等有良好的分散作用。

5.0.5 缓蚀、阻垢应采用低磷或无磷的环保型药剂,具有高效、低毒、易生物降解性能。

5.0.6 蒸汽锅炉的补给水应采用软化水或除盐水,且宜进行除氧处理。热水锅炉和锅内处理蒸汽锅炉应投加锅水处理药剂。

5.0.7 乙二醇溶液应采用除盐水或软化水配制,并按规定的浓度加入乙二醇、缓蚀剂和杀生剂等并混合均匀,或直接使用抑制性乙二醇溶液。

5.0.8 未加缓蚀剂的乙二醇溶液不应直接注入系统。

5.0.9 蒸汽凝结水系统宜采取气相防腐化学处理。

5.0.10 季节性运行的水溶液系统(含锅炉)在停运期间应采取相应的保护措施。

5.0.11 水溶液系统中的缓蚀、阻垢剂投放量应按下列规定计算。

    1 首次加药量和清洗、镀膜加药量可按式(5.0.11-1)计算。

$$G_f = \frac{V \cdot g}{1\,000} \qquad (5.0.11\text{-}1)$$

式中:G_f——首次加药量(kg);

V——系统水容量(m^3);

g——系统水中应保持的药剂浓度(mg/L)。

2 开式冷却水系统运行过程中的加药量按式(5.0.11-2)估算。

$$G_r = \frac{(Q_b + Q_w) \cdot g}{1\,000} \qquad (5.0.11\text{-}2)$$

式中:G_r——系统运行时的加药量(kg/h);

Q_b——排污水量(m^3/h);

Q_w——蒸发和飘逸等损失水量(m^3/h);

g——系统水中应保持的药剂浓度(mg/L)。

3 闭式循环系统运行过程中的加药量按式(5.0.11-3)计算。

$$G_r = \frac{Q_m \cdot g}{1\,000} + G_0 \qquad (5.0.11\text{-}3)$$

式中:G_r——系统运行时的加药量(kg/h);

Q_m——系统运行中的补水量(m^3/h);

g——系统水中应保持的药剂浓度(mg/L);

G_0——药剂自身衰减的量(kg/h)。

6 微生物控制

6.0.1 冷却水、冷水、水温低于 50℃的热水和乙二醇水溶液系统,均应投加杀生剂进行微生物控制。

6.0.2 季节性运行的系统在停运期间,系统中有水时,应投加杀生剂。

6.0.3 氧化性杀生剂宜选用次氯酸钠、二氧化氯或有机氯、溴化合物等,非氧化性杀生剂应具有杀菌效果好、低毒、广谱、能有效剥离粘泥、pH 值适应范围广、与缓蚀阻垢配方相容性好、易于降解、对环境影响小等性能。

6.0.4 用于冷却水系统的微生物控制药剂宜以氧化性杀生剂为主,非氧化性杀生剂为辅。

氧化性杀生剂投加方式可采用连续投加或冲击式投加。连续投加时,可控制冷却水中的余氯(溴)浓度为 0.1 mg/L～0.5 mg/L;冲击式投加时每周不少于 3 次,持续维持水中的余氯(溴)浓度为 0.5 mg/L～1.0 mg/L。非氧化性杀生剂投加频率宜为:夏季每月不少于 2 次;冬季每月不少于 1 次。投加浓度应根据药剂性能和现场情况确定。

6.0.5 冷水系统、乙二醇水溶液系统等闭式循环系统不宜使用氧化性杀生剂。非氧化性杀生剂的投加频率和浓度应根据药剂性能和现场情况确定。

7 药剂投加

7.0.1 水处理药剂的投加量应满足水系统中的药剂浓度要求。

7.0.2 水处理药剂的投加方式应符合下列要求：

  1 冷却水和蒸汽锅炉系统宜连续均匀投加。

  2 闭式循环系统，包括冷水、热水、热水锅炉及乙二醇水溶液系统，宜采用间歇投加方式。

  3 对于需冲击式投加的药剂（如非氧化性杀生剂），加药时应尽可能缩短加药时间。

7.0.3 液体药剂宜采用计量泵投加，固体杀生剂一般为溶解后投加，缓释型杀生剂宜直接投加。

7.0.4 药剂应投加在能与水体迅速混合的部位，不同药剂的投加点之间应有一定距离。药剂投加点处宜配备防毒面具。

7.0.5 加药桶的容积宜按循环水量和药剂性能确定，可按下列要求进行：

  1 循环水量小于 1 000 m^3/h 时，加药桶容积约为 180 L。

  2 循环水量在 1 000 m^3/h~2 000 m^3/h 时，加药桶容积约为 500 L。

  3 循环水量大于 2 000 m^3/h 时，加药桶容积约为 1 000 L。

7.0.6 加药桶与加药管道应采用耐腐蚀材料。

7.0.7 水系统的药剂投加宜采用全自动智能控制在线加药系统。

7.0.8 全自动智能控制在线加药系统宜包括下列部件和功能：

  1 加药桶。

  2 加药计量泵。

  3 加药用管线及配件。

4 自动控制系统及相关配件。

5 自动控制软件及水质分析软件。

6 电气、仪表控制柜。

7 电导率在线监测与排污水量联锁控制。

8 pH 值在线监测与 pH 调节剂投加量联锁控制。

9 ORP(氧化还原电位)在线监测与氧化性杀生剂投加量联锁控制。

10 污垢热阻在线监测与阻垢剂投加量联锁控制。

11 腐蚀率在线监测与缓蚀剂投加量联锁控制。

12 补充水量与缓蚀阻垢剂投加量联锁控制。

7.0.9 加药泵及相关监测仪表应满足水系统压力等级的要求。

7.0.10 远程控制系统应满足下列要求：

1 水量的瞬时流量和累积流量的检测和数据存储、传输。

2 药剂投加的瞬时流量和累积流量的检测和数据存储、传输。

3 水质主要指标实时在线检测值的数据存储、传输。

4 污垢热阻和腐蚀速率实时在线检测值的数据存储、传输。

5 现场异常参数值即时传递至总控室或相关移动端，终端随时接收并执行调控指令。

8 监测与控制

8.0.1 水系统应定期监测、分析下列内容：

1 水质指标值。

2 水处理药剂的实际浓度。

3 金属材料的腐蚀率。

8.0.2 水系统宜根据需要选用下列在线监测仪表：

1 电导率在线监测仪。

2 pH 值在线监测仪。

3 ORP 在线监测仪。

4 污垢热阻在线监测仪。

5 腐蚀率在线监测仪。

6 循环水、补充水流量计。

7 供、回水温度计。

8.0.3 化学清洗过程应进行腐蚀率监测。水系统清洗时，碳钢试片腐蚀率（20♯碳钢）应小于 3 g/(m² · h)，不锈钢和铜材试片腐蚀率应小于 0.5 g/(m² · h)；锅炉清洗时，用腐蚀指示片测量的金属腐蚀率应小于 8 g/(m² · h)，且腐蚀总量应小于 80 g/m²。

8.0.4 化学镀膜效果应进行检查。镀膜后的碳钢试片对硫酸铜溶液液滴反应的变色时间应大于 10 s。

9 药剂储存

9.0.1 水处理用化学药剂应有储存间,能存放 30 d 左右的药剂用量。

9.0.2 药剂储存间应安全,且便于存、取操作。

9.0.3 储存的药剂必须有标识,并应分类堆放。

9.0.4 存放药剂的环境温度应为 5℃~40℃。

9.0.5 药剂储存间应有冲洗水源和排水设施。

9.0.6 药剂储存间的地面及排水沟应具有防腐性。

9.0.7 药剂储存间宜邻近主要加药设备。

9.0.8 封闭式药剂储存间应有通风装置,机械通风换气次数不宜小于 12 次/h。

9.0.9 药剂储存间应设置洗眼装置和防毒面具。

本标准用词说明

1　为便于在执行本标准时区别对待,对要求严格程度不同的用词说明如下:

　1)表示很严格,非这样做不可的用词:

　　正面词采用"必须";

　　反面词采用"严禁"。

　2)表示严格,在正常情况均应这样做的用词:

　　正面词采用"应";

　　反面词采用"不应"或"不得"。

　3)表示允许稍有选择,在条件许可时首先应这样做的用词:

　　正面词采用"宜";

　　反面词采用"不宜"。

　4)表示有选择,在一定条件下可以这样做的用词,采用"可"。

2　条文中指定应按其他有关标准、规范执行时,写法为"应符合……的规定"或"应按……执行"。

引用标准名录

1 《工业锅炉水质》GB/T 1576
2 《污水综合排放标准》GB 8978
3 《机动车发动机冷却液》GB 29743
4 《蒸汽和热水锅炉化学清洗规则》GB/T 34355
5 《建筑给水排水设计标准》GB 50015
6 《工业循环冷却水处理设计规范》GB/T 50050
7 《化工厂蒸汽凝结水系统设计规范》GB/T 50812
8 《冷却水系统化学清洗、预膜处理技术规则》HG/T 3778

本标准上一版编制单位及人员信息

DG/TJ 08—2081—2011

主 编 单 位:华东建筑设计研究院有限公司

参 编 单 位:上海洗霸科技有限公司

上海建筑设计研究院有限公司

上海市卫生局卫生监督所

上海北尔新材料科技有限公司

主要起草人:杨国荣　马伟骏　王　炜　寿炜炜　唐广奎

胡仰耆　杨彦敏　周文林　朱学锦

主要审查人:卢　琦　朱乃钧　徐章法　柯　浩　张　兢

郭常义　方　伟　赵　磊

上海市工程建设规范

空调水系统化学处理设计标准

DG/TJ 08—2081—2022
J 11830—2022

条 文 说 明

2024　上海

目 次

Contents

1 总 则

1.0.1 本条说明了编制本标准的目的。

在国家发展和改革委员会分批公布的《国家重点节能技术推广目录》中,均有水冷却方面的内容,其中,第一批中序号45"锅炉水处理防腐阻垢节能技术"的适用范围规定为"通用技术工业、采暖锅炉以及中央空调、工业冷却循环水处理"。在工业和信息化部关于印发《工业节能诊断服务行动计划》的通知中,主要任务有"轻工行业重点诊断工业空调、商业空调等"。由此可见,空调水系统化学水处理具有非常重要的意义。

随着中国城市化进程的逐步推进和人民生活水平的不断提高,暖通空调的应用越来越普及,空调系统的用水量在不断增加,能耗占城市总能耗的比例居高不下,因水质处理不当而影响系统安全运行的情况也时有发生。因此,为了节水减排和节能降耗,积极响应国家"碳达峰、碳中和"目标,也为了延长系统使用寿命,保证系统安全运行,特制定本标准。

空调水处理的技术日趋成熟。本标准是在总结现行空调水系统化学处理技术的基础上编制的,力求使化学水处理技术更规范、可靠。

1.0.2 本条说明了本标准的适用范围。

1.0.3 本条提出了空调水系统化学处理的原则和要求。

1.0.4 这些年来,国内水处理技术有了长足的进步,特别是在空调水系统化学处理领域中,许多技术已接近或达到国际先进水平。因此,它的设计与操作既应立足于国内技术条件,又须融合国外的先进技术和经验,以促使空调水系统化学处理技术不断进步。

1.0.5 本标准未尽事宜可参照其他规范、标准,如现行国家标准《建筑给水排水设计标准》GB 50015、《工业循环冷却水处理设计规范》GB/T 50050、《污水综合排放标准》GB 8978、《城镇污水处理厂污染物排放标准》GB 18918 和《工业锅炉水质》GB/T 1576 等。

3 一般规定

3.0.1 本条提出了在制定空调水系统化学处理方案时应具备的基础资料。

3.0.2 本条提出了空调水系统化学处理技术方案应包含的内容。

3.0.3 本条提出了水系统管道设计中的一些要求,包括:

1 在化学水处理的某些工艺过程(如化学清洗、化学镀膜后期的置换过程)中,应尽量排净系统中的存水并重新补水。其目的是将因清洗而变污的水尽快排出系统,避免污物再次沉积,防止设备和管道受到腐蚀。系统有足够的补水和排水能力,可按 4 h~6 h 内能使水充满系统或使系统排空考虑。

管道的通水能力与管径和水压有关,既有循环系统的管径与水压是已知的,这样可根据系统水容量来设计补充水和排污水的管径。此外,补水口与排水口可采用一个或多个。

2 水质分析取样点应选择在水流动性好、与水处理药剂混合均匀的位置,使所取水样能代表系统整体水质。开式冷却水系统取样点可位于循环水泵的出口管上;闭路循环水系统取样点可设在集水器或分水器上。取样水管的管径宜为 DN20。

加药装置和监测仪表的接口位置应预留在近加药设备处,且应便于安装和日常维护。接口管径一般为 DN25 或 DN32。

3 在系统低处设泄水阀是为了使管道内的水放尽;在系统高处设排气装置是为了使系统内不积存空气,保持系统水循环畅通。

4 有些空调水系统的最低点在地下室,排污点也仅设在地下室内。由于地下室的排水能力通常有限,需快速大量排水时有困难,影响水处理工艺(如清洗、镀膜)的预期效果,故在建筑物地面层另设排放口,利于系统水快速排放,利于水处理效果。

3.0.4 水处理的主要目标之一是控制设备的腐蚀速率。国家标准《工业循环冷却水处理设计规范》GB 50050—1995 中规定,碳钢腐蚀速率应小于 0.125 mm/a,而在国家标准《工业循环冷却水处理设计规范》GB/T 50050—2017 中,腐蚀速率减小为 0.075 mm/a。关于空调水系统的腐蚀速率,目前尚无规定。本条文中的指标值是根据空调水系统化学处理的经验并参考工业循环水的该指标值确定的。

3.0.5 开式冷却水系统中的循环水与环境空气密切接触,易受尘埃等杂质污染,又因系统内微生物生长、腐蚀、结垢等因素的作用,长期运行后系统内的污物越来越多,易造成危害。目前有两种方法能将水中的污物从系统中清除:一是加大排污量;二是采用过滤装置。加大排污量不利于节水,采用过滤装置是最常用的方法。循环水量越大,系统中污物量越多,根据国家标准《机械通风冷却塔 第2部分:大型开式冷却塔》GB/T 7190.2—2018 中"单塔冷却水量不小于 1 000 m³/h,装有淋水填料的逆流、横流机械通风开式冷却塔"为"大型开式冷却塔",因此本条文提出大型开式冷却水系统应设旁通过滤装置,小型或间断运行的循环冷却水系统视具体情况确定,这利于提高水质和确保水处理效果。当冷却塔周边空气中含尘量数据缺乏时,旁流水量宜为循环水量的1%～5%的规定是参照了国家标准《工业循环冷却水处理设计规范》GB/T 50050—2017 的要求。

3.0.6 为使水泵和换热设备安全、高效运行,在其入口管道上应设置孔径适当的过滤器。过滤器应有拆卸空间,以便定期清洗。

3.0.7 无论是从经济因素还是环境因素考虑,均不允许乙二醇水溶液直接排放。于是,为了排除乙二醇水溶液系统长期运行所产生的污物,就需设置旁流过滤器。乙二醇水溶液系统的旁流过滤可采用布袋式过滤器,它只需定期清洗、更换滤袋,不需进行反冲洗。

3.0.8 蒸汽凝结水中铁的含量一般较高,若直接回收使用,不利于锅炉及其给水系统安全运行,因此需设置除铁过滤器进行处理。

降低蒸汽凝结水的含铁量应遵循"以防为主"的原则。蒸汽换热系统中应在"初凝"点前增设加药点,添加"中和胺",将饱和蒸汽(凝结水)的 pH 值提高为 8.5~9.2,以防止凝结水腐蚀。中和胺可采用汽液分配系数(K_d)较小的有机胺类。

3.0.9 空气冷凝水系统因微生物大量繁殖而产生生物粘泥,常引起排水不畅或管道堵塞,故宜进行杀生处理。冷凝水的杀生处理宜采用缓释性固体杀生药物。药物应置于集水盘的适当位置,通过缓慢溶解起杀生作用。

3.0.10 空气冷凝水收集回收应按冷凝器净化工艺实施,确保其回收利用的安全性。对医院等有特殊控制要求的冷凝水不作利用,应集中收集处理后排放。

3.0.11 在新建工程的水系统管道中,会有安装过程产生的残留垃圾。为防止垃圾在清洗时沉积、堵塞在换热设备内,要求设置旁通管道。这样,在清洗残留垃圾时可使清洗水不流经换热设备而通过旁通管排出系统。

3.0.12 冷凝器、蒸发器等主要换热设备在长期运行后会有沉积物。水处理效果好的系统,沉积物形成速度缓慢;水处理效果较差的系统,沉积物的形成速度较快。当设备内的沉积物达到一定程度时,就会严重恶化设备传热性能,甚至影响系统安全运行。此时,就需要对设备进行单独化学清洗,改善其换热能力。在换热设备的进、出口处设置清洗接口,可方便对其进行单独化学清洗。接口的管径一般为 DN50。

3.0.13 本条文规定了空调水系统的基本水质指标,在进行水处理方案设计时,可根据具体情况补充其他指标。

1 开式冷却水系统水质指标

此水质指标参照了国家标准《工业循环冷却水处理设计规范》GB/T 50050—2017。由于该标准的对象是工业循环冷却水,与空调水有较大区别,因此本标准在指标项目上有增减,使指标值更符合空调水要求。

1) pH 值:冷却水的 pH 值是由补充水、浓缩倍数以及投加的药剂确定的,一般不用酸、碱进行人为干预。上海地区补充水一般为地表水,pH 值一般为 6.8 以上,冷却水经蒸发浓缩后的 pH 值通常小于 9.5,因此这里提出的 pH 值实际上就是自然浓缩后的 pH 值。

2) 电导率:电导率是反映水的导电能力的指标,也间接反映水中的含盐量。开式冷却水系统中电导率越高,往往腐蚀性越强;含盐量增加,其结垢可能性增大。根据目前循环冷却水处理的技术水平,在此提出电导率小于 4 000 $\mu S/cm$ 为控制上限。冷却水的电导率与浓缩倍数密切相关,上海地区补充水的电导率在 300 $\mu S/cm$ ~ 800 $\mu S/cm$ 范围内,因此要将电导率控制在 4 000 $\mu S/cm$ 以内,冷却水的浓缩倍数需控制在 5 倍~10 倍之内,这样既利于节水减排,又可确保水处理效果。

3) 钙硬度+总碱度:钙硬度与总碱度相结合,在一定的温度与浓度条件下就会产生碳酸钙水垢。化学水处理的重要内容之一就是阻止水垢形成。根据目前循环冷却水处理技术的阻垢能力,提出了钙硬度+总碱度小于等于 1 500 mg/L(以 $CaCO_3$ 计)的指标值。上海地区补充水的钙硬度+总碱度一般为 150 mg/L~250 mg/L,即允许含盐浓度浓缩 6 倍~10 倍,与电导率的指标要求一致。

4) 细菌总数:在空调水系统中以异养菌总数为代表,是水质分析中的一项指标,并非指细菌总量。细菌总数的真正含义是,经过培养能够在营养琼脂培养基上产生肉眼可见菌落的那些细菌的总量,它是反映水中细菌滋生程度的指标。冷却水系统的环境非常适合微生物滋生与繁殖,会给系统带来生物粘泥以及腐蚀等危害。控制微生物也是冷却水处理的重要内容之一,故在总结经验及参考工业循环冷却水处理指标的基础上提出了细菌总数小于等于 10^5 个/mL 的指标。

5) 军团菌:是按照卫生部门的相关规定提出的指标。

6) 总铁:冷却水中的铁有两个来源:一是补充水带入;二是由系统腐蚀产生。补充水中的铁含量小于 0.1 mg/L,当冷却水浓缩 8 倍时,由补充水带入的总铁接近 1.0 mg/L;当雨水等净化后作为空调系统补充水时,水中总铁含量会有一定程度的增加。根据实践经验,当水中的铁含量的增加值小于 0.5 mg/L 时,表明系统腐蚀得到了很好的控制。因此本条文提出了总铁指标小于等于 2.0 mg/L。当补充水的铁离子含量偏高时,该指标值可相应提高。

7) 铜离子:补充水中的铜离子量通常甚微,冷却水中的铜离子主要来自铜材部件的腐蚀,这与系统中铜材设备的多少有关。在水体中,铜的耐蚀性能比碳钢强得多,但铜离子的存在会增强对碳钢的腐蚀,因此控制铜离子浓度小于等于 0.10 mg/L 是必要的。

8) 氯离子:它是一种强烈影响金属腐蚀的阴离子,特别容易引起不锈钢的点蚀和应力腐蚀。然而,氯离子并不是造成腐蚀的唯一原因。设备结构、应力情况、金属壁温、水的流速等都与腐蚀有关,氯离子只是在一定条件下起促进作用。上海市处于近海地区,补充水的氯离子日常小于 100 mg/L,最高不超过 250 mg/L。如果严格限制冷却水中氯离子含量,就会限制浓缩倍数提高,这不利于节水减排。表 3.0.13-1 中提出氯离子指标小于等于

1 000 mg/L,只要缓蚀药剂使用得当,操作管理到位,控制腐蚀并不困难。

    9) 浊度:冷却水的浊度对换热设备的污垢热阻和腐蚀速率影响很大,因此要求此值越低越好。但对于开式冷却水系统,空气大量进入和微生物生长繁殖都会使水的浊度增大。为有效控制浊度,通过调节旁滤设施的流量,可实现冷却水中浊度小于等于 20 NTU。如果要求浊度值很小,水耗就会大大增加。因此,在权衡水处理效果和节水的基础上,这一指标值是合理的。

  2 冷水、热水水质指标

从水处理效果角度提出了冷水、热水系统水质的几项可控的指标。

    1) pH 值:冷水、热水系统无水的蒸发浓缩问题,因此其pH 值的变化很小。目前用于冷水、热水系统处理的药剂呈多样性,通常碱性条件利于腐蚀控制,故调整 pH 值为 7.5～10.0。为了防止碱性过强对铜材起腐蚀作用,指标中也规定了上限值。

    2) 细菌总数:闭式系统受环境影响小,微生物控制比开式冷却水系统容易,因此细菌总数的指标值也应低一些。

    3) 总铁:冷水、热水系均为闭式循环系统,一般情况下不需排污,水中的铁离子必然会不断积累。

    4) 铜离子:冷水、热水系统中的铜主要是来自铜材腐蚀,为严格控制腐蚀程度,表中调整了该指标值。

    5) 浊度:浊度指标值小于冷却水系统的相应指标值是基于它受外部影响较小的前提。

  3 乙二醇水溶液系统水溶液指标

乙二醇水溶液系统和冷水系统有一定程度的相似性,故控制指标值也基本相同。

乙二醇水溶液在循环过程中可能发生浓度变化,故要确定冰点和浓度指标值以供检查。如果发现冰点和浓度不满足设计要求,就应及时补加乙二醇,并相应补加缓蚀剂。

4　供热锅炉水质指标

锅炉属于特种设备,国家有相应的标准和管理要求。集中空调系统中的供热锅炉有蒸汽锅炉和热水锅炉两种类型,当锅炉的压力等级小于 1.0 MPa 时,表 3.0.14-4 和表 3.0.13-5 直接采用了国家标准《工业锅炉水质》GB/T 1576—2018 中的水质指标值;当锅炉压力等级大于 1.0 MPa 时,仍可参照该国家标准。

本表未提出磷酸根指标值是因为并非所有锅水都用磷酸盐处理,水处理药剂的指标值应由水处理服务商根据实际情况提供。

若蒸汽或热水除用于空调供热外,还用于食品加工等其他用途,水处理药剂的选用应符合相关要求。

5　蒸汽凝结水水质指标

蒸汽凝结水回收利用时,设置水质指标是为了控制回收过程中被污染,确保锅炉安全运行。

　　1) pH 值:凝结水是由蒸汽冷凝而成,因受到二氧化碳溶解的影响(以软化水作锅炉给水的系统更严重),其 pH 值通常较低。为减弱凝结水对系统管道和设备的腐蚀,需控制其 pH 值。控制 pH 值的方法是在锅水中投加气相防腐剂与 pH 调节剂。

　　2) 总铁:由于凝结水的腐蚀作用,其铁离子的含量可能较高,为了锅炉安全运行,可用除铁过滤器控制凝结水中的铁含量。

6　空气冷凝水水质指标

空气冷凝水的水量不大,且较分散,目前基本上都不回收利用。空气冷凝水盘或管道中易大量繁殖细菌和真菌,形成生物粘泥,严重影响冷凝水排放。为使排水畅通,可采用投加杀生剂的方法。表 3.0.13-7 提出余氯指标值是为了提高杀菌效果。在空气冷凝水的汇集处,可监测军团菌指标。

4 水系统基础处理

4.0.1 基础处理是化学水处理的重要步骤,其主要内容是化学清洗和化学镀膜。通过化学清洗可除去污垢等杂质,使金属表面处于清洁状态,为化学镀膜和正常运行创造良好的条件;通过化学镀膜,可在金属表面形成致密性保护膜,抑制金属腐蚀速率,尤其是在系统初始运行阶段,为日常水处理奠定良好的基础。

4.0.2 本条提出了水系统清洗与镀膜处理的时机。

4.0.3 本条提出了化学清洗、化学镀膜的一般程序,具体需实施哪些步骤应根据实际情况确定。

化学清洗、化学镀膜在实施前应制定详细的技术方案,其内容有:①系统基本情况;②存在的主要问题(最好有污垢样品分析);③清洗、镀膜药剂选择(可用污垢样品进行试验);④现场操作要求;⑤安全、环保问题解决措施;⑥质量指标及检查方法。

4.0.4 本条提出水冲洗的要求:

1 水冲洗流速应大于日常使用流速,应根据现场情况尽可能提高冲洗水的流速。

2 为防止冲洗水中杂物堵塞冷凝器、蒸发器、板式换热器等换热设备,应为这些设备设置旁路。

3 水力清洗过程中会有杂物堵塞过滤器,因此要拆洗过滤器。

4.0.5 化学清洗要清除的对象有油污、生物粘泥、水垢、腐蚀物等,各个系统的具体情况不同,存在的主要问题也不同,因此要根据系统特点采用最适合的清洗药剂和清洗方式。为防止清洗后的废水中污物再次沉积,清洗废水应尽快排出系统。考虑到实际操作情况,本条规定在 24 h 内使水质合格。清洗结束时通常采用置换的方式来降低污物浓度。在条件允许时,也可采用先将废水排尽再重新进水的方法。

4.0.6 经过化学清洗后,金属表面处于活化状态,极易产生二次腐蚀,因此化学清洗后应立即进行化学镀膜处理,时间间隔越短越好。

4.0.7 化学镀膜是通过特定的化学药剂与金属表面的活化原子相作用、在金属表面形成一层致密性保护膜的过程。膜的形成需要一定时间,这与镀膜剂浓度和水的温度有关。一般情况下,夏季的镀膜时间为 36 h～48 h,冬季的镀膜时间为 48 h～72 h。

4.0.8 为保障安全运行,新锅炉在正式投用前需进行化学处理,可用化学清洗,也可用煮炉处理。

化学清洗的具体方法可参照现行国家标准《蒸汽和热水锅炉化学清洗规则》GB/T 34355 进行。

煮炉也是常用的方法。煮炉的目的是清除锅炉在制造、运输、安装或修理过程中留在锅炉内的污垢、铁锈和油脂等附着物,使受热面清洁并形成钝化膜,确保锅炉高效、安全运行。煮炉的基本方法是向锅炉内加入一定量的煮炉药剂,将锅炉升温、升压到一定范围,并保持一段时间,然后将溶液排出即可。煮炉的具体要求与锅炉的结构、温度、压力、出力等因素有关,应根据实际情况制定煮炉方案。

4.0.9 对于一般水系统,在化学镀膜结束后需进行置换排放,待镀膜剂浓度降到一定范围内时就可转入正常运行;对于乙二醇水溶液系统,在镀膜结束系统排空后,与金属表面直接接触的空气会对镀膜层有破坏作用,故在镀膜液排完后应立即将含缓蚀剂、杀生剂的乙二醇水溶液注入系统。

4.0.10 本条文是对清洗、镀膜、煮炉等处理用药剂在环保方面的要求。排放水的标准可参考现行国家标准《污水综合排放标准》GB 8978。

5 缓蚀阻垢处理

5.0.1 水系统的腐蚀主要是由溶解氧引起的电化学腐蚀,只要有溶解氧存在就会出现腐蚀,这是普遍发生的问题,因此每类水系统都必须进行缓蚀处理。结垢问题并非普遍存在,它与水的硬度、碱度、温度以及工艺条件有关。冷却水系统因水的蒸发和浓缩,结垢问题必然存在。冷水、热水和热水锅炉水系统,若补水的硬度较低,一般不会产生结垢问题;若补水的硬度和碱度较高,则应进行阻垢处理。蒸汽锅炉系统因水的蒸发量大,温度高,因此只要水具有一定硬度,就要进行阻垢处理。乙二醇水溶液系统是在低温下运行的,通常用软化水或除盐水配制,因此不需进行阻垢处理。蒸汽凝结水系统,也不需阻垢处理。

5.0.2 目前的水处理技术还很难精确使用数学模型或理论推导的方法获得完全符合系统缓蚀、阻垢处理要求的配方,故一般都需通过试验来确定。如果有类似水质、类似工艺条件的实际运行经验,也可以参照确定。无论是通过试验还是由运行经验确定的配方,在投入使用后均应跟踪监测,根据实际运行情况进行必要的调整。

5.0.3 空调水系统中最主要的金属材料是碳钢、不锈钢和铜,只要缓蚀剂使用得当,就可满足本标准对腐蚀率指标值的要求。

5.0.4 阻垢处理主要是针对冷却水系统。冷却水中最常见的水垢是碳酸钙,特殊水质条件下可能会有硫酸钙、硅酸镁等。在用磷系水处理药剂时有可能产生磷酸钙,同时也会有氧化铁、氧化硅等物质存在。在选择阻垢药剂时,应根据具体的水质条件和所形成水垢的种类来确定。阻垢剂应兼有阻垢和分散的功能。

5.0.5 本条是对缓蚀、阻垢药剂的环保要求。水处理缓蚀阻垢药剂发展的历史就是一部环境保护的进步史。从铬系到磷系是一大进步,从高磷到低磷又是一大进步,现在已从低磷进入无磷时代。采用环保型药剂是坚持可持续发展战略的要求,是水处理工作必须遵循的原则。

5.0.6 蒸汽锅炉是在高温高压下运行的,锅水的浓缩倍数非常高,极易结垢,因此补给水应采用软化水或除盐水。

5.0.7 乙二醇水溶液在冰蓄冷系统中常作低温冷媒或防冻液使用,它由乙二醇与水按一定比例配制而成,其浓度随冰点而定。为抑制乙二醇水溶液的腐蚀,应配制缓蚀剂和杀生剂。为提高乙二醇水溶液的质量,配制时应采用除盐水或软化水。

5.0.8 纯乙二醇对金属的腐蚀轻微,乙二醇水溶液显微弱酸性,乙二醇水溶液在使用过程中会氧化而呈酸性,如直接将其注入系统会造成严重腐蚀,后续处理困难,故应将含缓蚀剂和杀生剂的乙二醇水溶液注入系统。市场上也有抑制性乙二醇商品,它是在乙二醇中预先加了抑制剂,在现场只需用水稀释后投加。国内有优质的乙二醇产品和抑制性乙二醇商品销售,且应用于许多工程,效果良好。

5.0.9 未经处理的凝结水 pH 值较低,腐蚀性较强,采用气相防腐技术能缓解凝结水系统的腐蚀问题。气相防腐药剂可加在锅水中,也可加在分汽缸内。

5.0.10 水系统在停运期间因失去了药剂保护,易引起较严重腐蚀,故需采取措施以保护。停运保护一般有干法和湿法两种。干法保护是将系统水完全排空,再将换热设备和管道吹干,然后再充入惰性气体或其他防腐气体后封闭系统。湿法保护是系统仍充满水,停运前适当提高缓蚀剂浓度,停运期间定期进行水系统循环,并补充缓蚀剂。空调水系统常用湿法保护。

5.0.11 本条文列出的缓蚀、阻垢剂投加量计算公式可供参考,也可为确定加药设备和药剂储存空间提供依据。在现场加药操作时,加药量可以本条公式的计算值为基础,再结合实际检测结果进行调整。至于公式中的药剂浓度 g 值，目前尚无统一标准，一般是根据水质、药剂、配方、操作条件等因素由水处理服务商在方案设计时确定的。

6 微生物控制

6.0.1 空调水系统中微生物大量繁殖会造成两类危害:一是影响系统正常、安全运行,如生物粘泥依附或堵塞设备与管道、微生物腐蚀系统材料等;二是影响人身安全,如一些致病性微生物会危害人员健康。因此,在空调系统化学水处理中要特别重视微生物的控制问题。

　　冷却水系统的运行环境最适合微生物滋生与繁殖,是防控的重点。冷水和乙二醇水溶液系统的溶液温度较低,虽不是微生物生长的有利环境,但微生物有很强的适应能力,长期在低温环境中会产生适应性。此外,由于季节因素,并非所有的冷水和乙二醇溶液都常年处于低温状态,因此对微生物的控制也不容忽视。

　　关于微生物的控制问题,在实际运行中除需执行本标准提出的指标外,还应符合卫生部门的相关规定。

6.0.2 季节性运行的系统在换季停运时通常不放空系统水,系统中只要有水就会有微生物繁殖,因此也应投加杀生剂。

6.0.3 本条提出了对杀生剂的性能要求。

6.0.4 长期使用一种杀生剂,特别是氧化性杀生剂,可能使微生物产生抗药性,从而降低药剂的杀生作用,故通常采用氧化性药剂和非氧化性药剂交替使用的方案。氧化性药剂的处理成本比非氧化性药剂低,采用以氧化性杀生剂为主、非氧化性杀生剂为辅的方案较经济合理。

6.0.5 闭式循环系统的缓蚀剂多数不耐强氧化剂,故不宜使用氧化性杀生剂。此外,闭式循环系统中微生物的繁殖强度比开式循环系统弱,杀生剂的投加频率也更低,因此使用非氧化性杀生剂就能满足要求。但仍需注意,应交替使用不同种类的非氧化性杀生剂。

7 药剂投加

7.0.1 在水处理技术方案确定以后,首先需满足水中药剂浓度的要求,药剂只有在一定浓度下才能发挥其应有的作用。药剂浓度低显然达不到效果,但也不希望超浓度。浓度过高不仅造成浪费,而且还可能有副作用,如某些缓蚀剂浓度过高会形成药垢,氧化性杀生剂浓度过高会增强腐蚀性等。

7.0.2 水处理药剂的投加方式因系统情况和药剂类型不同而异。

1 冷却水和蒸汽锅炉系统有连续补水和排污,因此宜连续、均匀加药。

2 闭式循环系统中水的损失量很少,补水量也就很少,因此可采用间歇加药的方式。当系统中的药剂浓度降低到指标下限时,即需加药;当浓度达到指标上限时,即停止加药。

3 非氧化性杀生剂一般要求用冲击式投加方式,其目的是在短时间内使药剂浓度达到最高峰,起到冲击性杀生作用。如加药时间过长,会使药剂浓度达不到最高值,也就失去了冲击杀生的目的。

7.0.4 加药点通常设在水泵的进、出口附近,利于药剂与水混合。为避免不同药剂间相互影响,不应在同一加药点投加不同性能的药剂。同一管道上两个加药点之间的距离宜大于 3 m。

7.0.5 本条文提出的加药桶容积基于工程实践经验,可供有关人员参考。

7.0.6 许多水处理药剂具有一定的腐蚀性,因此加药设备、器具与接管等应耐腐蚀。

7.0.7 由于空调水系统,特别是冷却水系统,具有系统水容量相对较小、水质变化速度较快的特点,传统的人工加药、人工化验过程不仅费时费力,而且难以达到理想的处理效果。因此,加药过程实现仪器在线分析、自动化智能在线控制是空调系统水处理的理想选择。

全自动智能控制在线加药保障系统能根据水中药剂浓度的变化及时补充药剂,使水中的药剂浓度保持稳定。智能化系统能对循环水系统中的电导率、pH 值、ORP 值、补充水量、排污水量等指标进行在线监测,也能在线监测腐蚀率和污垢热阻,并将监测信号及时地传输给控制器,然后控制器根据预设的程序对输出设备作出响应,确保水处理药剂投加量、补充水量、排污量等在正常范围内。若能结合智慧城市建设,运用大数据等计算方式,通过互联网实现空调水化学处理的远程控制方式,通过灵活的操作界面能实施区域操控和实施移动指令,就能为日常管理提供极大的方便,并能保证良好的处理效果。

7.0.8 全自动智能控制在线加药系统有多种功能,设计时可根据系统的具体要求进行组合,以达到最佳配置。

7.0.9 不同空调水系统的水压值相差很大,在选配加药设备时应尤其注意系统压力。加药泵及相关监测仪表只有在与系统压力相匹配时才能安全、可靠地发挥作用。

8 监测与控制

8.0.1 本条提出了水质监测、分析的内容。

8.0.2 为了解决人工检测滞后、不能及时反映水质状况的问题，宜设置在线监测仪表。当采用自动加药设备时，这些仪表应与设备相配套。

8.0.3 水系统清洗时的腐蚀率控制指标参照了现行行业标准《冷却水系统化学清洗、预膜处理技术规则》HG/T 3778，锅炉清洗时的腐蚀率控制指标参照了现行国家标准《蒸汽和热水锅炉化学清洗规则》GB/T 34355。

8.0.4 硫酸铜溶液配制：用 15.0 g 氯化钠与 5.0 g 硫酸铜（$CuSO_4 \cdot 5H_2O$）溶于 100 mL 蒸馏水中，摇匀备用。

试验方法：将硫酸铜试液滴于镀膜试片上有明显色晕的部位，同时开始计时，观察液滴下金属表面颜色的变化，当金属表面有红色出现时即为终点时间。

9 药剂储存

9.0.1 对水处理用化学药剂的储存应予重视;药剂应集中管理,避免零星存放。药剂储存间要能存储 30 d 左右的药剂量,也可根据水系统的大小适当调整。

9.0.3 空调系统所用的水处理药剂可能有多种,为防止储存混乱或错用,必须有明显的标识,并应分类堆放。

9.0.4 大多数水处理药剂在常温下存放不会影响其性能,但应避免存放环境温度过高或过低。

9.0.5 水处理药剂有些呈酸性或碱性,也有些是强氧化剂,如发生泄漏会腐蚀地坪或周边设施;如溅到皮肤或眼睛会有刺激作用。因此,存放处需设置水源,便于及时冲洗,也应设排水系统。

9.0.6 药剂储存间的地坪和水沟应作防腐处理,防止因泄漏造成腐蚀。

9.0.7 药剂储存间邻近加药设备是为了便于取用。

9.0.8 为保障操作人员安全,药剂储存间应通风良好。若储存间为封闭型,则应设置机械通风。

9.0.9 为应对操作人员在药剂储存间搬运、存取、配置药剂时发生泄漏,设置洗眼装置和配备防毒面具。